ESSAI CHIMIQUE

SUR

LA TAURINE

ET

EXTRACTION

D'UNE

PTOMAÏNE SULFURÉE DE L'URINE

PAR

G. GUERIN

Chef des Travaux de chimie organique et Toxicologie à la Faculté de médecine
et de pharmacie de Lyon ; Ex-Préparateur de chimie et Lauréat de l'Ecole préparatoire de médecine et de pharmacie
de Lyon (Concours de 1875) ; Pharmacien des Hôpitaux civils de Lyon

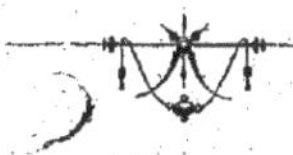

LYON

IMPRIMERIE A. WALTENER ET Ce

14, rue Bellecordière, 14

1883

ESSAI CHIMIQUE

SUR

LA TAURINE

ET

EXTRACTION

D'UNE

PTOMAÏNE SULFURÉE DE L'URINE

PAR

G. GUERIN

Chef des Travaux de chimie organique et Toxicologie à la Faculté de médecine
et de pharmacie de Lyon ; Ex-Préparateur de chimie et Lauréat de l'Ecole préparatoire de médecine et de pharmacie
de Lyon (Concours de 1875) ; Pharmacien des Hôpitaux civils de Lyon

LYON

IMPRIMERIE A. WALTENER ET Cⁱᵉ

14, rue Bellecordière, 14

1883

A LA MÉMOIRE DE MON PÈRE

A MA MÈRE   A MA FEMME

A MA FILLE   A MON FILS

A LA MÉMOIRE DE MON MEILLEUR AMI

M. Auguste RIBOULON

A MES PARENTS

A MES AMIS

A M. LE PROFESSEUR LÉPINE

Hommage respectueux de son élève reconnaissant et dévoué

A MON PRÉSIDENT DE THÈSE

M. LE PROFESSEUR MONOYER

Hommage de respect et de reconnaissance

A MM. LES PROFESSEURS CROLAS ET CAZENEUVE

Hommage d'affection

AVANT-PROPOS

Le travail que nous soumettons aujourd'hui à l'appréciation de nos juges a été fait dans le laboratoire de clinique médicale de notre faculté.

Le titre qu'il porte, suffisamment explicite, indique aussi l'ordre que nous avons adopté dans l'exposition, et cet avant-propos nous paraîtrait superflu, si nous n'avions tenu à exprimer, ici, notre vive reconnaissance à M. le professeur Lépine, pour l'honneur qu'il nous a fait en nous appelant dans son laboratoire, où nous avons trouvé, unis à une bienveillance sans bornes, les savants et précieux conseils du maître le plus éminent.

Nous adressons aussi nos sincères remercie-
ments à M. Mulaton, administrateur des hôpitaux, qui a mis gracieusement à notre disposi-
tion la boucherie centrale, laquelle nous a
fourni la grande quantité de bile de bœuf dont
nous avons eu besoin pour notre préparation
de taurine.

TAURINE

—

ÉTAT NATUREL. — Ce corps éminemment remarquable a été découvert en 1826, par Gmelin (1), qui le retira de la bile de bœuf, et lui donna le nom d'asparagine biliaire, en raison de la ressemblance qu'il crut lui reconnaître avec l'asparagine, quant à plusieurs de ses propriétés. Elle fut étudiée et analysée par Demarçay (2), mais sa composition n'est établie que depuis les travaux de Redtenbacher (3), qui y constata la présence du soufre.

On trouve la taurine à l'état libre ou en combinaison avec l'acide cholique, à l'état d'acide taurocho-

(1) GMELIN, TIEDMANN, V. GMELIN, *Die Verdauung*, I, 43 et 60.
(2) DEMARÇAY, *Ann. de chimie et de physique* (2) t. LXVIII p. 196.
(3) REDTENBACHER, *Ann. de chimie et pharmacie*, t. LXVIII p. 170.

lique, dans l'organisme animal, dans la bile, dans le contenu des intestins et les fecès de l'homme, dans le tissu pulmonaire des mammifères et dans les reins, la rate et le foie de la raie ; elle existe aussi dans les muscles des mollusques et enfin dans la viande de cheval.

PRÉPARATION. — Le procédé le plus avantageux pour la préparer consiste à l'extraire de la bile de bœuf. A cet effet, on fait bouillir cette bile plusieurs heures avec de l'acide chlorhydrique étendu ; on sépare, par le filtre, les acides biliaires précipités sous forme résineuse (dyslisine) (1), on concentre les liquides ; on abandonne au repos pour que le chlorure de sodium se dépose, on filtre de nouveau, puis après avoir chauffé le liquide on l'additionne de 5 à 6 fois son poids d'alcool à 95°. Par refroidissement, la taurine se prend en cristaux radiés.

Les phénomènes chimiques qui président au dédoublement de l'acide taurocholique sont exprimés par l'équation suivante :

$$C^{26}H^{45}AzO^7S + H^2O = C^2H^7AzO^3S + C^{24}H^{40}O^5$$

Acide taurocholique   Taurine   Acide cholique

Tous les agents d'hydratation sont susceptibles de provoquer ainsi le dédoublement de l'acide taurocholique.

Gorup Besanez indique que l'on peut préparer

(1) *Anhydride de l'acide cholique.*

$$C^{24}H^{40}O^5 - 2\,H^2O = C^{24}H^{36}O^3$$

Acide cholique   Dyslisine

aussi la taurine en exposant de la bile à la putréfaction, en s'aidant de la chaleur, jusqu'à ce qu'elle rougisse le tournesol. On ajoute de l'acide acétique, on évapore à siccité la liqueur filtrée, et l'on épuise le résidu par de l'alcool concentré ; la taurine reste indissoute. On la fait alors cristalliser dans l'eau bouillante. Pour purifier la taurine provenant de ces divers traitements, on la pulvérise et on la dissout dans l'alcool étendu, on traite par l'acétate de plomb qui ne la précipite pas et on fait passer dans le liquide filtré un courant d'hydrogène sulfuré. On isole, par le filtre, le sulfure de plomb et l'on évapore à siccité. Ce résidu est lavé à l'alcool absolu, puis dissous dans l'eau bouillante d'où la taurine se dépose en cristaux souvent très volumineux.

Synthèse et Constitution. — Kolbe a réalisé la synthèse de la taurine en faisant agir l'ammoniaque sur l'acide chloréthyle sulfureux.

$$C^2H^4ClSO^3H + 2AzH^3 = AzH^4Cl + C^2H^7AzO^3S$$

Le mode de production de la taurine, ses propriétés, ses nombreux dérivés, ainsi que les produits de décomposition de l'acide taurocholique, s'accordent à faire envisager la taurine comme un acide amidé représenté par le groupement moléculaire.

$$CH^2AzH^2$$
$$CH^2OSO\,OH$$

Dans une thèse remarquable présentée à la faculté des sciences de Paris, 1875, M. R. Engel a fait ressortir toute la valeur de ces arguments ; nous ne pouvons mieux faire que de citer ses paroles : « Strecker, en chauffant l'iséthionate d'ammonium a obtenu un corps qu'il croyait être la taurine. Le composé qu'il a obtenu n'est qu'un isomère de la taurine, comme la glycolamide, qu'on obtient en chauffant le glycolate d'ammonium, est un isomère du glycocolle (Dessaignes). Strecker a obtenu l'iséthionamide, qui diffère de la taurine par son point de fusion et par l'action que la potasse exerce sur elle. L'iséthionamide, en effet, lorsqu'on la fait bouillir avec une dissolution de potasse, dégage de l'ammoniaque (Seyberth). La taurine, au contraire, comme les glycocolles, reste inaltérée sous l'influence de l'ébullition avec une dissolution de potasse.

La constitution de l'acide taurocholique et son dédoublement en acide cholalique et en taurine ne peuvent être compris qu'en considérant la taurine comme un glycocolle. En effet, si la taurine était une amide l'acide taurocholique serait une amide secondaire

$$Az \begin{cases} C^{24}H^{39}O^{4} \\ OSOC^{2}H^{4}OH \\ H \end{cases}$$

c'est-à-dire de l'ammoniaque dans laquelle deux hydrogènes seraient remplacés, l'un par le radical de l'acide iséthionique, l'autre par le radical de l'acide cholalique. Or, on sait que les acides bouillants dédoublent les amides secondaires en acides correspondants et en sel ammoniacal

$$Az \begin{cases} C^{2}H^{3}O \\ C^{2}H^{3}O \\ H \end{cases} + 2\,H^{2}O + HCl = 2\,C^{2}H^{3}O,\ OH + AzH^{4}Cl.$$

L'acide taurocholique devrait donc, dans cette hypothèse, se dédoubler, sous l'influence de l'ébullition avec les acides, en acide iséthionique et en acide cholalique.

Si, au contraire, on considère la taurine comme une amine acide, l'acide taurocholique devient une alcalamide secondaire

$$Az \begin{cases} C^{24}H^{39}O^4 \\ C^2H^4OSOOH \\ H \end{cases}$$

et devra se dédoubler, sous l'influence de l'ébullition avec les acides, comme les alcalamides secondaires, en un acide et en une amine, c'est-à-dire en acide cholalique et en taurine, (amine acide). On sait que ce sont-là, en effet, les produits de décomposition de l'acide taurocholique.

L'acide taurocholique devient donc comparable aux acides glycocholique et hippurique.

Nous avons vu que les glycocolles peuvent fixer l'acide cyanique pour donner naissance à un acide uramique, dont l'acide hydantoïque est le type. Ici encore la taurine se comporte comme les glycocolles et s'unit à l'acide cyanique en donnant naissance à l'acide tauro-carbamique (Salkowski).

Les formules suivantes font ressortir la similitude des deux réactions.

$$\begin{matrix} CH^2AzH^2 \\ COOH \end{matrix} + \begin{matrix} CO \\ H \end{matrix} \Big\} Az = \begin{matrix} H \\ CH^2 \\ COOH \end{matrix} \Big\} Az - CO - AzH^2$$

$$\begin{matrix} CH^2AzH^2 \\ CH^2OSOOH \end{matrix} + \begin{matrix} CO \\ H \end{matrix} \Big\} Az = \begin{matrix} H \\ CH^2 \\ CH^2OSOOH \end{matrix} \Big\} Az - COAzH^2$$

De même que l'acide hydantoïque se décompose en anhydride carbonique, ammoniaque et glycocolle, en fixant une molécule d'eau, de même l'acide tauro-carbamique se dédouble en acide carbonique, ammoniaque et taurine. »

L'acide chloréthylène sulfureux qui a servi à Kolbe à opérer la synthèse de la taurine s'obtient en traitant d'abord l'iséthionate de potasse par le perchlorure de phosphore, on obtient ainsi le chlorure chloréthylène sulfureux $C^2H^4SO^2Cl^2$ qui résulte du remplacement des deux groupes OH de l'acide iséthionique par deux atomes de chlore.

$$SO^2 \begin{cases} C^2H^4OH \\ OH \end{cases} \qquad SO^2 \begin{cases} C^2H^4Cl \\ Cl \end{cases}$$

Acide iséthionique   Chlorure chloréthylène-sulfureux

En traitant simplement par l'eau, ce chlorure chlorèthyleux sulfureux, l'atome de chlore fixé à SO^2 est remplacé par le groupe OH, et l'acide chloréthylène sulfureux prend naissance.

$$SO^2 \begin{cases} C^2H^4Cl \\ Cl \end{cases} + H^2O = SO^2 \begin{cases} C^2H^4Cl \\ OH \end{cases} + HCl$$

Nous rappellerons que l'acide iséthionique ou oxéthylène sulfureux, point de départ de toutes ces réactions, dérive de l'acide sulfureux, par la substitution de l'oxéthylène C^2H^4OH à un atome d'hydrogène de cet acide.

$$SO^3 \begin{cases} H \\ H \end{cases} \qquad SO^2 \begin{cases} C^2H^4OH \\ OH \end{cases}$$

Acide sulfureux   Acide oxéthylène sulfureux

En représentant sa constitution par la formule :

$$\begin{array}{l} CH^2 — OH \\ | \\ CH^2 — O — SO — OH \end{array}$$

on voit que ce composé est à la fois acide et alcool, et on se rend facilement compte de l'isomérie de l'iséthionamide et de la taurine :

$$CH^2OH$$
$$CH^2 — SO^2 — AzH^2$$
Iséthionamide

$$CH^2AzH^2$$
$$CH^2OSOOH$$
Taurine

Propriétés. — La taurine cristallise en prismes incolores obliques, à base rhombique ou hexagonale, terminés aux deux extrémités par des pyramides à quatre faces ; l'indice de réfraction (1) $=$ 1.5812. La densité $=$ 1.69 à 18°.

Elle est soluble dans 15.4 parties d'eau à 10°, beaucoup plus dans l'eau bouillante, insoluble dans l'alcool absolu et dans l'éther ; elle se dissout assez bien dans l'alcool étendu et bouillant. Le meilleur dissolvant de la taurine est l'acide sulfurique concentré qui en dissout à chaud plusieurs fois son poids. Nous avons conservé pendant plusieurs semaines une solution sulfurique de taurine, qui avait acquis la consistance du miel, et n'a pas abandonné de cristaux, bien qu'elle contînt plus de 3 fois son poids de taurine.

Les solutions alcalines la dissolvent avec facilité. Quelques auteurs ne parlent pas de l'action de la taurine sur les réactif colorés ; d'autres prétendent qu'elle est sans action sur eux; comme les glycocolles en général, la taurine possède une réaction acide.

Chauffée sur une lame de platine elle fond vers 240° en un liquide épais, se boursoufle rapidement, brunit et dégage d'abondantes vapeurs exhalant une odeur

(1) Voir page 33, note sur l'indice de réfraction.

assez semblable à celle de l'indigo qui brûle. Il reste un charbon de combustion difficile.

Elle n'est précipitée ni par le tannin, ni par l'acétate de plomb, ni par les sels métalliques en général. On peut la faire bouillir, sans l'altérer, avec l'acide chlorhydrique concentré, et l'acide nitrique exempt de vapeurs nitreuses ; elle résiste, même fort longtemps, à l'action de l'eau régale bouillante. Sa stabilité en un mot est au moins égale à celle de l'acide iséthionique dont elle dérive.

Soumise à l'action de l'acide azoteux, elle se décompose en acide iséthionique, azote et eau (Gibbs) :

$$\begin{matrix} CH^2AzH^2 \\ | \\ CH^2OSOOH \end{matrix} + AzO^2H = \begin{matrix} CH^2OH \\ | \\ CH^2OSOOH \end{matrix} + Az^2 + H^2O$$

On sait que cette réaction est générale, les amines se dédoublant sous l'influence de l'acide azoteux, en alcool, eau et azote.

Action des agents d'oxydation. — La potasse en fusion décompose la taurine en acides sulfurique, sulfureux et acétique, en ammoniaque, eau et hydrogène (Berthelot) :

$$2C^2H^7AzSO^3 + 6KOH = 2AzH^3 + 2C^2H^3KO^2 + H^2O + H^6 + SO^4K^2 + SO^3K^2$$

D'après les auteurs (1), le chlore sec est sans action sur la taurine ; il n'en est pas absolument de même du mélange chloreux que l'on obtient en faisant agir le chlorate de potasse sur l'acide chlorhydrique. En

(1) Berzélius. *traité de chimie.*

maintenant longtemps à l'ébullition une solution de taurine fortement acidulée d'acide chlorhydrique, et additionnée fréquemment de petites quantités de chlorate de potasse, on parvient à oxyder une portion du soufre qui se transforme en acide sulfurique, facilement reconnaissable à son action sur les sels de baryum ; mais on n'obtient ce résultat qu'en employant des quantités relativement énormes de substance oxydante.

Le brome est absolument sans action sur la taurine ; mise en digestion avec du brome et bouillie longtemps avec ce métalloïde, elle demeure avec tous ses caractères, et il ne se passe aucun phénomène de substitution. Nous avons tiré cette conclusion de l'expérience suivante : 15 grammes de taurine réduits en poudre impalpable ont été introduits, avec 80 grammes de brome, dans un ballon de verre, et placés pendant quatre heures sur un bain de sable, dont la température était d'environ 40°, après agitation fréquente du mélange, la température du bain de sable a été élevée graduellement et maintenue jusqu'à disparition de la presque totalité du brome.

Le résidu repris par l'eau a été soumis à une longue ébullition, puis une fraction du liquide a été traitée par le chlorure de baryum qui n'a produit aucun précipité.

Le reste de la liqueur a été évaporé doucement dans une capsule de platine, en présence d'un excès d'hydrate de potasse. Portée peu à peu à la température du rouge sombre, la masse en fusion a été finalement comburée, par addition convenable de nitrate de potasse en poudre fine.

Le résidu salin refroidi, repris par l'eau, puis additionné avec précaution, d'un peu d'acide sulfurique, et agité avec du sulfure de carbone, n'a communiqué à ce dissolvant aucune coloration.

Le permanganate de potasse a sur la taurine une action beaucoup plus énergique, et tout-à-fait comparable à celle de la potasse fondante. 20 grammes de taurine, en solution aqueuse, ont été traités, à froid par un peu plus du double de leur poids de permanganate de potasse. Au bout de quelques heures, le permanganate était entièrement réduit, et la liqueur ne contenait plus que des traces de taurine non décomposée. Après avoir isolé par le filtre, l'oxyde de manganèse, nous avons soumis le liquide à l'analyse. Nous constatons, d'abord, qu'il est neutre aux réactifs colorés, et qu'il rougit énergiquement le perchlorure de fer. Porté à l'ébullition après avoir été additionné d'un peu de potasse, il donne un abondant dégagement de gaz ammoniac ; traité par l'acide chlorhydrique, il laisse dégager un gaz à odeur piquante, lequel, dirigé dans une solution de chlorure de baryum saturé de brome, fournit un précipité de sulfate de baryte ; ce gaz était donc de l'acide sulfureux. Une autre portion de la liqueur traitée par le chlorure de calcium, se trouble par l'agitation, et abandonne un léger précipité insoluble dans l'acide acétique, et qui, après lavage et calcination se transforme en carbonate de chaux ; nous avons donc affaire à de l'acide oxalique. Concentré par évaporation, le reste du liquide est additionné d'acide sulfurique et d'alcool, et chauffé ; une réaction vive et persistante se déclare, en même temps qu'il distille une vapeur exhalant l'odeur si caractéristique de l'éther acétique. Le permanganate de potasse transforme donc la taurine en acides sulfureux, sulfurique, acétique, oxalique et en gaz ammoniac.

Dérivés métalliques de la Taurine

Le premier dérivé métallique de la taurine a été obtenu par M. Engel (1) en 1875. C'est la taurine mercurique qu'a préparée ce chimiste, en traitant une dissolution de taurine par de l'oxyde de mercure récemment précipité, et en chauffant le mélange au bain-marie ; la couleur jaune de l'oxyde mercurique disparaît très rapidement, en même temps qu'il se précipite un corps parfaitement blanc presque insoluble dans l'eau froide, peu soluble dans l'eau bouillante, inaltérable jusqu'à 140°. M. Engel lui assigne la formule :

$$(C^2H^6AzSO^3)^2Hg + HgO$$

Cette taurine mercurique a été préparée la même année par le chimiste suédois Lang (2) qui lui attribue la formule :

$$(C^2H^6AzSO^3)^2Hg$$

Il nous a paru intéressant de répéter les expériences

(1) R. ENGEL, *loco citato*.
(2) *Lunds Universitets arsskrift* 1875.

de ces chimistes, et d'analyser avec soin la taurine mercurique que nous avons préparée dans ce but, en faisant dissoudre, à la température du bain-marie, de l'oxyde de mercure dans une solution concentrée de taurine, celle-ci se trouvant en grand excès par rapport à l'oxyde de mercure. La poudre blanche obtenue, parfaitement lavée et desséchée à 100° a été soumise à l'analyse. Nous avons fait deux dosages de mercure et deux dosages de soufre ; nous avons jugé inutile de procéder à l'analyse élémentaire du produit ; l'évaluation de la taurine, basée sur le dosage du soufre, à l'état de sulfate de baryte, offrant toutes les garanties de précision désirables. Le mercure a été dosé à l'état de sulfure.

PREMIÈRE ANALYSE	DEUXIÈME ANALYSE	MOYENNE
Mercure = 60.9	Mercure = 60.72	Mercure = 60.31
Taurine = 37.61	Taurine = 37.66	Taurine = 37.63

Lé composé

$$\left(\begin{array}{c} CH^2AzH^2 \\ | \\ CH^2OSOO \end{array} \right) {}^2Hg$$

contenant 44.64 % de mercure et 55.36 % de taurine ; et le composé

$$\left(\begin{array}{c} CH^2AzH^2 \\ | \\ CH^2OSOO \end{array} \right) {}^2Hg + Hgo$$

60.24 % de mercure pour 37.63 % de taurine, c'est bien cette dernière combinaison que nous avons obtenue, de même que M. Engel.

Le même chimiste Lang (1) a obtenu et analysé les dérivés suivants :

(1) Clève, *Correspondance Suédoise.*

Taurine Argentique :

$$C^2H^6AzSo^3Ag$$

se prépare aisément en dissolvant à une douce température de l'oxyde d'argent dans une solution de taurine. On obtient par l'évaporation à la température ordinaire des cristaux tabulaires qui noircissent à la lumière. Ils sont inaltérables à 100°, aisément solubles dans l'eau, presque insolubles dans l'alcool, et insolubles dans l'éther.

Taurines plombiques : Le sel neutre

$$(C^2H^6AzSo^3)^2Pb$$

a été obtenu par la dissolution d'une molécule d'oxyde plombique dans la solution de 2 molécules de taurine.

La solution évaporée à consistance sirupeuse se concrète en une masse d'aiguilles blanches. Ce sel est aisément soluble dans l'eau, et la solution absorbe l'acide carbonique de l'air.

Sel Basique :

$$2\,[(C^2H^6AzSo^3)^2Pb] + Pb(OH)^2$$

Une solution de taurine, saturée à chaud par de l'oxyde plombique, donne avec un excès d'alcool absolu une huile qui se prend bientôt en une masse cristalline composée de prismes microscopiques.

Taurine Cadmique :

$$(C^2H^6AzSo^3)^2CD$$

l'oxyde de cadmium se dissout très peu dans la solution de taurine, mais il se transforme en une poudre blanche microcristalline, qui attire l'acide carbonique de l'air.

TAURINE CALCIQUE :

$$(C^2H^6AzSO^3)^2Ca$$

Une solution de taurine dissout la chaux déjà à froid, mais plus facilement à chaud. Par l'évaporation, on obtient des aiguilles minces très solubles dans l'eau.

TAURINE SODIQUE :

$$C^2H^6AzSO^3Na$$

a été obtenu par saturation d'une solution alcoolique de soude caustique par la taurine.

L'évaporation fournit une masse fort déliquescente et cristalline.

TAURINE CUPRO-AMMONIQUE. — Nous avons obtenu ce dérivé, en traitant, par l'alcool, une solution de taurine dans l'oxyde de cuivre ammoniacal. (L'alcool employé était à 80°, et l'oxyde de cuivre ammoniacal avait été préparé en dissolvant dans de l'ammoniaque de l'oxyde de cuivre pur).

Le mélange demeure constamment limpide, mais au bout de quelques heures la teinte bleue du liquide se dégrade peu à peu, en même temps qu'il se dépose sur les parois du vase, de très nombreuses houppes cristallines d'un violet magnifique. Ces houppes sont constituées par une infinité d'aiguilles très déliées, s'irradiant en tous sens, à la manière des villosités de la mousse.

Ce composé violet recueilli sur un filtre, et parfaitement lavé à l'alcol à 80°, perd de l'ammoniaque même à la température ordinaire; il se dissout facilement dans l'eau, à laquelle il communique une belle couleur bleue; la solution exhale nettement l'odeur ammoniacale.

Si l'on ajoute une grande quantité d'eau à cette solution, elle se trouble et abandonne un précipité bleu verdàtre, qui n'est autre qu'un dérivé plus basique, en même temps que de la taurine devient libre dans la liqueur.

Soumise à l'ébullition, elle se décompose immédiatement, dégage de l'ammoniaque et laisse déposer de l'oxyde de cuivre anhydre.

Au bout de quelques minutes de dessication à 100°, le produit cesse de perdre de l'ammoniaque, tout en restant soluble. C'est après complète dessication à cette température, et refroidissement sous un exsiccateur à chaux sodée, que nous l'avons soumis à l'analyse.

Nous avons dosé le soufre, le cuivre et l'ammoniaque. Le soufre à l'état de sulfate de baryte ; le cuivre à l'état d'oxyde, isolé par l'ébullition de la solution avec un excès de potasse.

L'ammoniaque a été dosée à l'état de chloroplatinate, et aussi acidimétriquement, par le procédé de Schlœsing, et avec l'appareil modifié par H. Deville.

<table>
<tr><td>PREMIÈRE ANALYSE</td><td>DEUXIÈME ANALYSE</td><td>TROISIÈME ANALYSE</td></tr>
<tr><td>Taurine . . = 72.1</td><td>Taurine . . = 71.98</td><td>Taurine . . = 71.8</td></tr>
<tr><td>Cuivre . . = 18.06</td><td>Cuivre . . = 18.</td><td>Cuivre . . = 18.3</td></tr>
<tr><td>Ammoniaque = 8.92</td><td>Ammoniaque = 9.6</td><td>Ammoniaque = 9.4</td></tr>
</table>

MOYENNE

Taurine . . = 71.96
Cuivre. . . = 18.12
Ammoniaque = 9.3

Ces résultats conduisent à la formule :

$$\left(\begin{matrix} CH^2AzH^2 \\ | \\ CH^2OSOO \end{matrix}\right)^2 \begin{matrix} AzH^3 \\ AzH^3 \end{matrix} > Cu'' \text{ »}$$

qui renferme les proportions suivantes :

Taurine . . = 71.88
Ammoniaque = 9.85
Cuivre . . = 18.26

Nous avions espéré obtenir, au moyen de ce dérivé, la taurine cuprique, que l'on ne peut préparer directement en faisant agir la taurine sur l'oxyde de cuivre hydraté ou anhydre, et dans ce but, nous faisions dissoudre dans l'eau notre composé cupro-ammonique, et nous évaporions la solution à siccité à une basse température; le résidu, délayé dans l'eau, était de nouveau soumis à l'évaporation, et cette manœuvre plusieurs fois répétée. Nous n'avons pu réussir à obtenir le dérivé cuprique.

La solution du composé cupro-ammonique soumise à l'évaporation perd de l'ammoniaque et de la taurine, et abandonne un dérivé très basique, insoluble, mais retenant obstinément de l'ammoniaque. En répétant plusieurs fois l'opération, ainsi que nous l'avons fait, on sépare, chaque fois, une

petite quantité de taurine et d'ammoniaque, et finalement il ne reste comme résidu que de l'oxyde de
cuivre.

TAURINE ZINCO-AMMONIQUE. — En faisant dissoudre de la taurine dans une solution ammoniacale
d'oxyde de zinc ; traitant le mélange par l'alcool, jusqu'à ce que l'oxyde de zinc commence à se précipiter,
puis filtrant le liquide et l'abandonnant à l'air libre,
on obtient au bout de quelques heures une abondante
cristallisation d'un composé, qui, lavé à l'alcool ammoniacal, se présente sous forme d'aiguilles prisma-
tiques incolores. On hâte beaucoup la formation du
produit, en plaçant le vase qui renferme le mélange
générateur, sous une cloche, au-dessus d'un exsiccateur contenant de l'acide sulfurique suffisamment
dilué pour qu'il ne puisse absorber que le gaz ammoniac. Ce dérivé, qui renferme de l'oxyde de zinc, de
l'ammoniaque et de la taurine, est instantanément
décomposable par l'eau, qui retient la taurine en
dissolution et laisse précipiter l'oxyde de zinc en
perdant du gaz ammoniac. De même que la taurine
cupro-ammonique, ce dérivé exhale l'odeur ammoniacale à la température ordinaire, mais d'une façon
beaucoup moins sensible. Desséché à 100° il ne
dégage plus d'ammoniaque, mais les cristaux perdent
de leurs transparence, et semblent abandonner quelques molécules d'alcool ou d'eau de cristallisation.
Les trois analyses que nous avons faites de ce composé après dessication à 100° comprennent les dosages
de l'oxyde de zinc, de l'ammoniaque et de la taurine.

L'oxyde de zinc a été dosé directement après avoir été séparé, par l'ébullition, du dérivé traité par l'eau. L'ammoniaque a été dosée à l'état de chloroplatinate, et la taurine a été évaluée au moyen de son soufre, isolé à l'état de sulfate de baryte.

PREMIÈRE ANALYSE	DEUXIÈME ANALYSE	TROISIÈME ANALYSE
Oxyde de zinc = 13.8	Oxyde de zinc = 13.72	Oxyde de zinc = 13.59
Ammoniaque = 3.62	Ammoniaque = 3.59	Ammoniaque = 3.8
Taurine . . = 82.7	Taurine . . = 82.9	Taurine . . = 82.76

MOYENNE

Oxyde de zinc = 13.7
Ammoniaque = 3.67
Taurine . . . = 82.78

Ces quantités correspondent à la formule :

$$3\ ZnO,\ 4\ AzH^3 + 12\ C^2H^7AzSO^3$$

qui renferme :

Oxyde de zinc = 13.42
Ammoniaque = 3.75
Taurine . . = 82.82

Nous venons de dire que ce dérivé, traité par l'eau, se décomposait en taurine, oxyde de zinc et ammoniaque; il n'est donc pas possible d'obtenir par ce moyen la taurine zincique, qui n'a pas été obtenue, et qui ne peut être préparée par l'union directe de l'oxyde de zinc avec la taurine.

Combinaison moléculaire de la taurine avec le chloroplatinate de soude

La taurine forme avec le chloroplatinate de soude plusieurs combinaisons moléculaires. L'une d'elles, facile à reproduire, s'obtient de la façon suivante : On traite, par l'alcool en excès, une solution aqueuse de taurine et de chlorure de platine, après avoir fortement alcalinisé le mélange au moyen d'une solution alcoolique de soude. Il se précipite ainsi : 1° une masse cristalline jaune, plus ou moins foncée, non homogène, constituée par un mélange de diverses combinaisons de chloroplatinate de soude et de taurine ; 2° un composé liquide de couleur brun-clair, de consistance épaisse, d'aspect huileux, et assez dense pour gagner le fond du vase dans lequel on opère.

En séparant rapidement, par décantation, la masse cristallisée du composé liquide, et lavant ce dernier à l'alcool à 80°, on le purifie complètement, et au bout de peu de temps il se prend en cristaux aiguillés de couleur jaune.

On obtient ainsi un composé de taurine et de chloroplatinate de soude, non hygrométrique, très soluble dans l'eau, d'où il est facile de l'obtenir à l'état cristallin, et décomposable qu'à une haute température.

Nous avons fait trois analyses de ce produit.

Le chloroplatinate de soude a été évalué en dosant

le platine et le chlorure de sodium qui prenait naissance lors de sa décomposition par la chaleur. En calcinant le composé dans un creuset de platine, la taurine disparaissait entièrement, et l'on obtenait un résidu de platine spongieux et de chlorure de sodium ; en lavant le creuset à l'eau bouillante, le chlorure de sodium disparaissait et abandonnait le platine parfaitement pur et suffisamment cohérent pour que les eaux de lavage n'en entraînassent pas trace.

Pour ce qui est du dosage du chlorure de sodium, nous l'avons effectué en traitant par le nitrate d'argent la solution chaude obtenue en lixiviant à l'eau bouillante le résidu de la calcination du composé. Cette calcination était toujours produite à une température un peu inférieure au rouge sombre. Le précipité de chlorure d'argent était lavé, desséché et fondu, et de son poids nous déduisions la quantité de chlorure de sodium.

PREMIÈRE ANALYSE

Chloroplatinate de soude = 37.65
Taurine............. = 62.04

DEUXIÈME ANALYSE

Chloroplatinate de soude = 37.29
Taurine............. = 62.21

TROISIÈME ANALYSE

Chloroplatinate de soude = 37.57
Taurine   = 62.1

MOYENNE

Chloroplatinate de soude = 37.5
Taurine............. = 62.11

Ces quantités correspondent à la formule :

$$PtCl^6Na^2 + 6\ C^2H^7AzSO^3$$

pour lequel la théorie indique :

Chloroplatinate de soude = 37.754
Taurine............. = 62.18

On sait (1) qu'il existe un chloroplatinate de soude qui cristallise avec 6 molécules d'eau,

$$PtCl^6Na^2 + 6\ H^2O\ ;$$

la combinaison que nous avons obtenue représente donc ce même chloroplatinate dans lequel les 6 molécules d'eau ont été remplacées par 6 molécules de taurine.

Des Combinaisons de la taurine avec les acides.

Nous avons fait de nombreuses tentatives pour combiner la taurine avec les acides.

Aucun composé de ce genre n'ayant encore été obtenu il nous paraissait intéressant de nous livrer à l'étude de leur préparation.

La formule de constitution de la taurine qui contient comme tous les glycocolles un groupe AzH^2 laissait entrevoir la possibilité de ce genre de combinaison.

Nous avons successivement essayé les acides azotique, sulfurique, chlorhydrique, acétique, oxalique et lactique. Ces acides étaient mis en contact avec la taurine dans des conditions variables de température et de pression ; un seul d'entre eux, l'acide sulfurique, nous a paru avoir quelque tendance à s'en-

(1) Voir *dictionnaire de Wurtz*.

gager dans une combinaison. En voici la raison : en précipitant, par l'alcool absolu, une solution sulfurique de taurine, lavant parfaitement le précipité à l'alcool, jusqu'à ce que le liquide de lavage ne rougisse plus le tournesol et n'influence plus les sels de baryum, on obtient un produit qui retient une certaine quantité d'acide sulfurique.

Ce composé est tellement instable, qu'il est instantanément décomposable par l'eau, laquelle met en liberté la totalité de l'acide sulfurique, ce que l'on reconnaît aisément à ce que la solution rougit énergiquement le tournesol et précipite abondamment les sels de baryum.

Nous n'avons pu réussir à obtenir de cette façon un produit de composition régulière. La quantité d'acide sulfurique retenue par la taurine s'est toujours trouvée inférieure à celle qu'exige la formule du composé :

$$\left(\begin{matrix} CH^2AzH^2 \\ | \\ CH^2OSOOH \end{matrix} \right)^2 SO^4$$

que nous espérions obtenir.

Néanmoins, ces faits nous montrent que la taurine n'est pas complètement indifférente à l'action des acides.

TAURO-CRÉATINE. — M. Engel a obtenu ce composé en faisant agir la cyanamide sur une dissolution de taurine. La combinaison s'opère même à froid, mais il vaut mieux chauffer au bain-marie à 100° pendant cinq à six jours, un mélange de cyanamide et de taurine en solution concentrée et additionnée

de quelques gouttes d'ammoniaque. La tauro-créatine se sépare par le refroidissement.

On purifie le produit en le lavant à l'éther qui en-
lève l'excès de cyanamide et on le soumet à deux ou
trois cristallisations successives.

La tauro-créatine cristallise avec ou sans eau de
cristallisation suivant les conditions dans lesquelles
se fait la cristallisation. Les cristaux obtenus par évaporation spontanée constituent des lamelles cristallines, transparentes, s'effleurissant avec facilité et
paraissant contenir une molécule d'eau. Les cristaux obtenus d'une solution chaude et saturée,
sont durs, opaques, non efflorescents et tout à fait
anhydres.

La tauro-créatine se dissout dans 25 p. 6 d'eau à
21°. Elle est insoluble dans l'alcool et l'éther. Elle
fond vers 250°. Les solutions alcalines bouillantes la
décomposent en taurine ammoniaque et acide carbonique. On sait que dans les mêmes conditions la
créatine se décompose en sarcosine, ammoniaque et
acide carbonique. Elle précipite en blanc par l'azotate
d'argent et se redissout dans un excès de potasse.
Additionnée de bichlorure de mercure et de potasse
en excès, elle forme, comme la créatine, un précipité
analogue à la silice en gelée, et se décompose comme
cette substance sous l'influence de l'hypobromite de
soude en dégageant de l'azote. L'analogie est donc
complète et sa formule doit être :

$$CH^2AzH — C(AzH)'' — AzH^2$$
$$|$$
$$CH^2SO^4H$$

Acide tauro-carbamique. — En fondant la taurine avec de l'urée Salkowski a obtenu un acide uramique, l'acide tauro-carbamique, que l'on peut obtenir également en faisant agir le cyanate de potasse sur la taurine.

$$\begin{array}{c} CH^2AzH^2 \\ | \\ CH^2OSOOH \end{array} + CO\!<\!\!\begin{array}{c} AzH^2 \\ AzH^2 \end{array} = \begin{array}{c} CH^2AzH - COAzH^2 \\ | \\ CH^2OSOOH \end{array} + AzH^3$$

Cet acide cristallise en tables quadrangulaires, brillantes, très solubles dans l'eau, insolubles dans l'alcool et l'éther.

Il résiste comme la taurine aux agents d'oxydation, ne dégage pas d'ammoniaque lorsqu'on le fait bouillir avec des solutions alcalines pas trop concentrées, et ne se dédouble, sous l'influence de l'eau de baryte, en acide carbonique, ammoniaque et taurine qu'à la température de 130°.

M. Salkowski a fait connaître que l'acide tauro-carbamique apparaît d'une manière constante dans l'urine de l'homme et des carnivores à la suite de l'ingestion de la taurine ; mais une partie seulement subit cette transformation, le reste s'éliminant en nature.

Cette production d'acide tauro-carbamique est toute naturelle, car on sait que lorsqu'on introduit un glycocolle dans l'économie, il donne naissance à un acide uramique en fixant les éléments de l'acide cyanique.

Chez les animaux à urine alcaline, les lapins notamment, on ne retrouve pas d'acide tauro-carbamique, mais les sulfates de l'urine augmentent proportionnellement à la quantité de taurine ingérée.

Ce phénomène d'oxydation physiologique s'accomplissant à l'égard d'un composé aussi stable que la taurine, ne constitue point un fait isolé ; on a vu la benzine, par exemple, se transformer en phénol dans l'économie (1).

Une transformation analogue à celle qui se produit dans l'organisme des herbivores a été signalée par Buchner, (2) qui a fait connaître qu'en présence du mucus de la vésicule biliaire, et dans un milieu alcalin, la taurine se comportait de même que sous l'influence de la potasse fondante.

Des éthers de la taurine

Il n'existe, jusqu'à présent, aucun composé de cette espèce, et nous croyons la taurine peu susceptible d'éthérification.

En traitant la taurine argentique par l'iodure d'éthyle, nous avions espéré obtenir la taurine éthylique conformément à l'équation :

$$\left. \begin{matrix} CH^2AzH^2 \\ | \\ CH^2OSOO \end{matrix} \right\rangle Ag + C^2H^5I = AgI + \left. \begin{matrix} CH^2AzH^2 \\ | \\ CH^2OSOO \end{matrix} \right\rangle C^2H^5$$

Mais il n'en est pas ainsi ; l'iodure d'éthyle est bien immédiatement décomposé par la taurine argentique en solution aqueuse, mais les produits de cette double

(1) W. Neucki et N. Sieber, *Journal für praktische Chemie*, XXVI, p. 1.

(2) Buchner, gel. Anz. d. Kaiserl. bay. Akademie des Wissens, 1848, n° 232.

décomposition sont de l'iodure d'argent, de la taurine
et de l'acool.

$$\left.\begin{array}{l} CH^2AxH^2 \\ | \\ CH^2OSOO \end{array}\right\rangle Ag + C^2H^5I + H^2O = AgI + C^2H^6O + \begin{array}{l} CH^2AzH^2 \\ | \\ CH^2OSOOH \end{array}$$

Ce fait est assez surprenant et nous paraît devoir
être expliqué par la différence qui existe entre la
chaleur de formation de l'alcool, et la chaleur de formation de la taurine éthylique; celle-ci étant inférieure à celle-là.

Note sur la détermination de l'indice de réfraction de la Taurine.

Pour déterminer l'indice de réfraction de la taurine, on a dû recourir à l'emploi de méthodes indirectes, attendu que les cristaux obtenus étaient relativement trop petits et présentaient de nombreux défauts de poli et de transparence.

I. MÉTHODE DES MÉLANGES. — Cette méthode consiste à déterminer l'indice de réfraction d'une solution de taurine dans l'eau et à appliquer la formule de Landolt :

$$nv + n'v' = NV$$

v, v' et V désignent les volumes de la taurine, de l'eau et de la solution ; n, n' et N représentent les indices de réfraction correspondants.

On a pris :

$$v = 0,5917$$
$$v' = 19$$
$$V = 19,5917$$

Pour plus de précision, on a remplacé le volume v, mesuré directement et trouvé égal à 0, 6, par sa valeur calculée en fonction du poids et de la densité de la taurine, à la température de l'expérience qui était de 18°.

L'indice de réfraction du mélange a été déterminé au moyen du *Réfractomètre* d'ABBE et a été trouvé :

$$N = 1,340$$
celui de l'eau, $$n' = 1,3325$$

De la formule on déduit l'indice de réfraction de la taurine :

$$n = \frac{NV - n'v'}{v}$$
$$= \frac{1,34 \times 19,5917 - 1,3325 \times 19}{0,5917}$$
$$= 1,5811$$

II. Méthode du Microscope. — On s'est servi du *Procédé de* Bertin, modifié par le Dr Monoyer, et qui consiste à mesurer, au moyen d'un micromètre oculaire, les grandeurs y_1', y_2', y_3', que prend l'image d'un même objet placé successivement sur la lame réfringente, sous la lame, et enfin à cette dernière distance, mais sans l'interposition de la substance réfringente. La mise au point pour la mesure de y_1' et y_2' s'obtient par le déplacement de l'oculaire seul. On a pris pour objet la largeur d'une étroite bandelette de papier noir collé sur une des faces d'un cristal lamellaire. — L'indice de réfraction est alors donné par la formule :

$$n = \frac{y_2'\,(y_1' - y_3')}{y_3'\,(y_1' - y_2')}$$

Observations faites avec des cristaux et des grossissement différents ont donné les résultats suivants :

y_1'	y_2'	y_3'	n
25	20	18	1,555
27	22	20	1,54
53	40	35	1,582

La méthode du microscope ne comporte pas une grande précision, surtout dans le cas particulier, où la faible épaisseur des cristaux et leur défaut de transparence rendaient très délicate la mesure de y_2' : aussi les résultats précédents ne sauraient-ils servir à corriger la valeur obtenue par la méthode des mélanges, laquelle doit être tenue pour plus exacte.

Remarque. — Les déterminations de l'indice de réfraction et du poids spécifique de la taurine ont été exécutées au *Laboratoire de Physique médicale*, sous la direction de M. le professeur Monoyer.

CONCLUSIONS

1° La taurine est un glycocolle.

2° L'indice de réfraction de la taurine $= 1.5812$.

3° La densité de la taurine $= 1.69$ à $18°$.

4° La taurine possède une réaction acide.

5° Le brome est sans action sur la taurine.

6° Le permanganate de potasse transforme la taurine en acides sulfureux, sulfurique, acétique, oxalique et en gaz ammoniaque.

7° La taurine mercurique a pour formule :

$$\left(\begin{array}{l} CH^2AzH^2 \\ | \\ CH^2OSOO \end{array} \right)^2 Hg + HgO$$

8° Il existe un dérivé cupro-ammonique de la taurine qui a pour formule :

$$\left(\begin{array}{l} CH^2AzH^2 \\ | \\ CH^2OSOO \end{array} \right)^2 \begin{array}{l} AzH^3 \\ AzH^3 \end{array} > Cu''$$

9⁰ Il existe un dérivé zinco-ammonique de la taurine, qui a pour formule :

$$3\,ZnO,\ 4\,AzH^3\ +\ 12\,C^2H^7AzSO^3$$

10° La taurine forme diverses combinaisons avec le chloroplatinate de soude ; l'une d'elles a pour formule :

$$PtCl^6Na^2\ +\ 6\,C^2H^7AzSO^3$$

11° La taurine paraît se combiner à l'acide sulfurique.

12° On n'obtient pas de taurine éthylique en traitant la taurine argentique par l'iodure d'éthyle.

EXTRACTION D'UNE PTOMAÏNE SULFURÉE DE L'URINE

Dans un travail sur le soufre de l'urine, publié avec notre maître, M. le professeur Lépine, travail auquel nous avions collaboré pour la partie chimique, nous avions établi que les corps sulfurés de l'urine peuvent être distingués d'après l'action qu'exerce sur eux le brome : les uns donnent sous l'influence de cet agent de l'acide sulfurique, tandis qu'une autre partie résiste même à l'action prolongée du brome à chaud.

Pour cette raison, nous avons proposé d'appeler ces composés *soufre difficilement oxydable.*

Des raisons d'ordre physiologique et chimique,

(1) Voir *Revue de médecine* 1881 et *Lyon médical* 1882.

sur lesquelles nous n'avons pas à insister ici, font penser que ce soufre difficilement oxydable provient de la bile.

On pouvait supposer que l'acide taurocholique subissait dans l'organisme diverses métamorphoses probablement beaucoup plus complexes que celles qui résultent d'une simple hydratation, et parmi les produits que nous supposions prendre ainsi naissance, nous avions surtout pensé à l'acide iséthionique, s'éliminant soit à l'état de sel, soit sous forme d'acide uramido-iséthionique.

Vivement sollicité par notre maître de tenter l'extraction de ce composé sulfuré qui constitue, en moyenne, 10 à 12 $^o/_o$ du soufre total de l'urine normale, souvent beaucoup plus à l'état pathologique, et dont nous ne connaissions qu'un caractère, sa grande stabilité en présence des agents d'oxydation, nous avons effectué plusieurs expériences dirigées spécialement en vue d'isoler et de caractériser l'acide iséthionique.

Cependant M. Salkowski ayant depuis longtemps publié que la taurine ingérée s'éliminait, en partie, par les urines, à l'état d'acide tauro-carbamique, nous avons tenu à rechercher également la présence de cet acide, et subsidiairement celle de la taurine.

Nous avons opéré chaque fois sur 25 à 30 litres d'urine qui étaient d'abord évaporée à feu nu jusqu'à réduction au volume de deux litres environ ; après refroidissement, le résidu était additionné d'un grand excès de brome, puis soumis à l'ébullition jusqu'à disparition complète de ce métalloïde.

Nous éliminions par ce traitement, l'urée et une

grande partie des matières extractives de l'urine comburées par le brome; mais nous laissions intact le soufre difficilement oxydable.

Après filtration, le liquide était traité par l'eau de baryte en excès, filtré, évaporé, acidulé d'acide chlorhydrique et précipité par l'alcool absolu.

La taurine, l'acide tauro-carbamique et l'iséthionamide étant insolubles dans l'alcool, devaient se trouver dans ce précipité.

Avant de poursuivre la recherche de ces trois corps; il était indispensable de s'assurer, d'abord, s'ils existaient réellement dans ce précipité.

A cet effet, après avoir lavé convenablement, chaque fois, ce précipité à l'alcool absolu, nous en projetions une partie, par petites portions, dans une capsule de platine contenant du nitrate de potasse en fusion. Après refroidissement, la masse saline dissoute dans l'eau bouillante acidulée d'acide azotique était traitée par le chlorure de baryum. Ce réactif ne donnait qu'un précipité extrèmement faible, ne correspondant nullement, dans aucune de nos expériences, à la quantité de soufre difficilement oxydable contenue dans le liquide et que nous avions dosée avant sa précipitation par l'acool.

Le liquide alcoolique, au contraire, était naturellement très riche en soufre difficilement oxydable.

Ce résultat, qui a été constamment le même, dans les quatre expériences que nous avons faites, sur de l'urine d'un malade de l'Hôtel-Dieu, atteint d'une affection du cœur, exclue complètement, croyonsnous, l'hypothèse de la présence de la taurine, ou de l'acide tauro-carbamique ou de l'isethionamide dans l'urine. Les isethionates étant généralement cristallisés et plus ou moins solubles dans l'alcool, notre première hypothèse prenait de la consistance ; mais, lorsque nous soumettions à l'évaporation ce liquide alcoolique, il abandonnait un résidu dont la majeure partie, parfaitement cristallisée, était formée de nombreuses aiguilles n'offrant aucune ressemblance avec les cristaux appartenant aux divers isethionates connus. Ces cristaux, cependant, contenaient du soufre ; tandis que la matière extractive, sirupeuse et incristallisable, qui les souillait n'en renfermait que des traces.

Nous en étions là de nos recherches, et nous avions déjà expérimenté sur trois lots d'urine traitées de la même façon, et dans lesquelles nous avions vainement essayé de caractériser le produit obtenu ; lorsque nous eûmes l'idée, dans le but de débarrasser notre produit de la matière extractive, de le laver avec de l'éther à 60°.

Le résultat fut tout autre que celui que nous espérions ; l'éther enleva peu de matière extractive mais s'empara, peu à peu, de la totalité du produit cristallisé.

En chassant l'éther par vaporisation, on obtenait de longues aiguilles incolores, très solubles dans l'eau d'où l'on pouvait, par évaporation, régénérer facilement le produit en cristaux semblables à ceux qu'abandonnait l'éther.

Ce fait imprévu de solubilité, dans l'éther, de ce composé sulfuré cristallin, nous suggéra l'idée que nous avions peut-être affaire à une ptomaïne; cette probabilité nous paraissait d'autant plus vraisemblable, que la présence des ptomaïnes a été signalée récemment dans les urines normales par MM. Gabriel Pouchet, Bouchard, Bocci et Schiffer. L'existence dans l'urine d'une substance toxique a déjà, comme on sait, été signalée par M. Cl. Bernard.

Notre prévision était juste ; le produit que nous avions obtenu présentait, en effet, tous les caractères attribués aux ptomaïnes. Il était alcalin aux réactifs colorés, donnait un précipité brun Kermès avec l'iodure ioduré de potassium ; orangé, avec l'iodure de bismuth et de potassium ; jaune, avec le chlorure d'or et le chlorure de platine ; blanc, avec le bichlorure de mercure et le tannin ; un précipité couleur de rouille avec le nitrate d'argent, suivi, au bout de quelques heures, de la réduction du réactif.

L'acide sulfurique, seul ou additionné d'acide azotique, n'a donné lieu à aucun phénomène de coloration.

Le perchlorure de fer et l'iodure cadmi-potassique étaient également sans aucune action, et le bichromate de potasse ne donnait aucun précipité, mais était partiellement réduit après quelque temps.

Ajoutons enfin que le réactif de Brouardel et Boutmy était immédiatement réduit et laissait précipiter du bleu de Prusse.

Injectée à doses très minimes, 2-3 millig. environ, sous la peau d'une grenouille de taille moyenne, cette ptomaïne avait une action convulsivante énergique et provoquait rapidement la mort de l'animal.

La notable proportion de soufre difficilement oxydable que nous trouvions dans cette ptomaïne n'était point due, comme on pourrait le croire, à la petite quantité de matières étrangères qui l'accompagnaient.

Nous venons de dire que les cristaux que nous avions obtenus par évaporation de la liqueur alcoolique primitive étaient relativement très riches en soufre, tandis que les impuretés qui les accompagnaient en étaient presque dépourvues. Mais nous avons acquis, à ce sujet une certitude absolue en recherchant le soufre dans le produit que nous avons plusieurs fois purifié, en le dissolvant dans l'eau acidulée, filtrant, alcalinisant la liqueur et reprenant par l'éther. La quantité de soufre isolée paraissait être toujours la même.

Cette purification, que nous avons aussi pratiquée avec du chloroforme, exige l'emploi d'une grande quantité, soit d'éther, soit de chloroforme ; ces liquides n'enlevant que difficilement la ptomaïne à la liqueur alcaline. Il est préférable de mélanger le produit avec de l'hydrate de baryte et d'épuiser le mélange par l'éther.

Nous venons de décrire en peu de mots les résultats que nous avions obtenus avec l'urine de notre malade de l'Hôtel-Dieu. Nous avons pensé qu'il était indispensable de répéter toutes nos expériences sur d'autres urines, et dans ce but, nous avons traité douze litres de notre propre urine de la même façon que les précédentes.

Nous avons ainsi facilement isolé une petite quantité d'une ptomaïne sulfurée, cristalline, offrant toutes les réactions et se comportant absolument de même que celle que nous avions extraite la première fois.

Ces expériences terminées, sommes-nous autorisé à conclure qu'il existe dans les urines normales un corps sulfuré appartenant au groupe des ptomaïnes ; ne donnant pas d'acide sulfurique sous l'influence du brome, et constituant tout ou partie du soufre difficilement oxydable des urines?

Une semblable conclusion serait, pour l'instant, au moins prématurée, car, il ne nous échappe pas qu'il nous manque pour satisfaire à cette proposition une donnée très importante : la ptomaïne que nous avons isolée préexistait-elle dans les urines sur lesquelles nous avons opéré, au moment de leur émission, ou bien a-t-elle pris naissance dans le cours de la fermentation qui s'était produite pendant les quelques jours qui précédaient la mise en traitement? C'est une question que pour le moment, nous ne sommes pas en état de résoudre.

PROPOSITIONS DONNÉES PAR LA FACULTÉ

PHYSIQUE. — *Microscope.* Théorie et usage. — *Tension superficielle des liquides.* — *Spectroscope.* Théorie et usage. — *Polarisation rotatoire et saccharimétrie.* — *Des courants induits de divers ordres.* — *Du dosage des métaux par l'électrolyse.*

CHIMIE. — *De l'Urée.* Composition. Synthèse. Propriétés. Dosage dans l'urine. — *Des composés oxygénés de l'azote.* — *Des corps gras en général.* Constitution. Propriétés. — *De l'antimoine.* — *Des sulfures.* Préparation. Propriétés. — *De l'acide phosphorique et des phosphates.* Compositions. Propriétés. Caractères distinctifs.

HISTOIRE NATURELLE. — *Tænia solium.* Organisation. Ses migrations. Ses transformations. — *Du Tænia echinococcus.* Ses transformations et ses migrations. — *Du Tænia mediocanellata.* Ses transformations et ses migrations. — *Spongiaires.* Organisation. Propriétés.

10339 Imp. WALTENER ET Cⁱᵉ, rue Belle-Cordière, 14. — Lyon.

9 782329 661476